AF293680

Wolfgang Weller

Technische Drohnen

- innovative luftgestützte Verkehrsträger mit großem Anwendungspotenzial -

Impressum:

Copyright: © 2022 Wolfgang Weller

Herstellung und Verlag: BoD – Books on Demand, Norderstedt

ISBN: 978-3-756226351

Prolog

Es mag befremdlich erscheinen, warum ein flugfähiges technisches Gebilde ausgerechnet die von einem Insekt aus dem Reich der Wildbienen stammende Bezeichnung „Drohne" trägt.

Geht man dieser Frage nach, so ist von *Wikipedia* zu erfahren, dass die Zuweisung dieses Namens wohl auf den britischen Flugzeugkonstrukteur *G. de Havilland* zurückgeht, der es liebte, seine Konstruktionen nach Insekten zu benennen. Der britische Name *„drone"* soll zunächst vom Militär benutzt worden sein, ehe er später auch für den zivilen Bereich übernommen wurde.

Die *Drohnen* bilden eine neuartige Kategorie der im Luftraum agierenden Verkehrsträger, die innerhalb einer vergleichsweise kurzen Zeit enorm an Bedeutung gewonnen haben. Somit ist es an der Zeit, möglichst breiten Kreisen nähere Auskünfte über diese faszinierenden Luftfahrzeuge zu vermitteln. Dieser Aufgabe wollen wir uns nachfolgend unterziehen.

1. Herkunft der Drohnen

Der Ursprung der Drohnentechnologie ist wohl in der Modellfliegerei zu suchen. Aus diesen zumeist kleineren Fluggeräten wurden bestimmte Funktionseinheiten übernommen. Dazu gehören die von den Modellfliegern stammenden Auftriebseinheiten, bestehend aus schlanken Elektromotoren gekoppelt mit Propellern, die typischerweise in einer Anzahl von 2, 4 oder 8 Einheiten benutzt werden, deren Anzahl aber in Sonderfällen auch weit höher liegen kann. Ein weiterer Bestandteil ist ein bordeigener Akku zur Bereitstellung der Antriebsenergie. Als dritte Komponente ist eine ebenfalls aus der Modellfliegerei übernommene funkbasierte Steuereinheit zu nennen, mittels der – zumindest in der Anfangszeit der Drohnenfliegerei – die Flugbahn der Modelle von einem „Drohnenpilot" vom Boden aus unter Sichtkontrolle bestimmt werden konnte.

Aus diesen Komponenten entstand zunächst eine Art Grundtyp von Drohnen, den wir als *Prototyp* bezeichnen. Die aus der Kombination von Elektromotoren und flügelartigen Rotoren erhaltenen Antriebseinheiten werden zur Erzeugung des Auf- und Vortriebs benutzt und werden dementsprechend in senkrechter Lage verwendet, wozu sie entweder an sich kreuzenden Auslegern oder auch einer ringartigen Anordnung montiert werden. Auf diese Weise entsteht eine Grundstruktur im Sinne einer Plattform, an der später im Rahmen der Tragkraft der Drohne verschiedenartige Zusatzmodule befestigt werden können. Die für die Stromerzeugung benötigte Batterie wird vorwiegend in Lithium-Ionen-Technologie verwendet, um deren hohe Speicherkapazität zu nutzen. Die als dritte Komponente genannte Steuereinheit kann ggfs. durch ein funkbasiertes Empfangsgerät für Drohnensignale ersetzt werden oder bei autonomem Betrieb ganz entfallen.

Die so entstandenen *Minidrohnen* erfreuten sich bei den Jugendlichen und Hobbyisten bald großen Interesses und wurden von Internethändlern, wie beispielsweise *amazon,* bereits für wenig Geld auf den Markt gebracht [1], [2].

Am Rande sei auf eine andere Form noch kleinerer Flugkörper hingewiesen, die ebenfalls den Drohnen zugerechnet werden. Dieser Typ wurde von einer britischen Forschergruppe entwickelt und von einem Wirtschaftsjournalisten vorgestellt [3]. Das herausragende Merkmal besteht darin, dass anstelle der Motor-und-Propellereinheiten ein sog. Flatterantrieb verwendet wird. Darunter wird die Verwendung kleiner beweglicher Flügel verstanden, die als negativ geladene Elektrode dient und unter einer Drehbewegung im Takt einer Wechselspannung niedriger Frequenz angetrieben werden. Damit wird in gewisser Weise die Antriebsart von Insekten imitiert. Der Chef dieses Entwicklungsteams, *Laza,* sieht darin einen wesentlichen Schritt hin zu Insektenkleinen autonomen Flugrobotern, die beispielsweise die Bestäubung von Pflanzen übernehmen könnten. Wir werden uns hier, auch mangels näherer Informationen über die zuletzt erwähnte Drohnenvariante, nicht weiter mit dieser Entwicklungslinie befassen.

Unser Anliegen wird im Weiteren dem eingangs beschriebenen Prototyp der Drohnentechnologie gewidmet sein, deren rasche Weiterentwicklung wir in ihren wesentlichen Zügen nachverfolgen werden. Diesem rapiden Fortschritt liegt wohl die frühzeitige Erkenntnis zugrunde, dass diese innovative Flugtechnologie ein erhebliches Einsatzpotenzial besitzt, welches für eine ganze Reihe besonderer Aufgaben neuartige Lösungen verspricht. Grundlage dafür war eine beständige Steigerung der Tragkraft, der möglichen Aufenthaltsdauer dieses Verkehrsmittels in der Luft, um die Bewältigung zunehmend größerer Einsatzentfernungen zu bewältigen sowie eine fortschreitende Ausweitung einer immer intelligenteren Funktionalität. Doch dazu der Reihe nach.

Bei der folgenden Darlegung der Entwicklung der Drohnentechnologie wurde schnell klar, dass es sich hier um eine hochkomplexe Aufgabe handelt. Um hier zu einer übersichtlichen Beschreibung zu gelangen, besteht unser Ansatz darin, die Stoffbehandlung in verschiedene Komplexe aufzugliedern. Dazu wird vorgesehen, nacheinander jeweils *eine* Entwicklungslinie auf der Grundlage eines herausragenden Merkmals in groben Zügen zu verfolgen.

In der ersten Phase beschäftigen wir uns mit der Entwicklungslinie, die sich daraus ergibt, dass die Drohnen aufeinanderfolgend mit verschiedenen *Zusatzgeräten* ausgestattet wurden, woraus dann neuartige Verwendungsmöglichkeiten resultieren.

Danach werden wir uns dann mit der fortlaufenden *funktionellen Aufrüstung* als weiterem Merkmal befassen. Hier ist ein Entwicklungsverlauf der Drohnentechnologie zu erwarten, der die Luftfahrzeuge zu immer intelligenteren Leistungen befähigt. Dies verlangt dann wiederum, dass diese Flugsysteme in zunehmender Weise mit elektronischen Komponenten, wie Sensoren, Prozessoren und funkbasierten Übertragungssystemen, ausgestattet werden. Wie sich zeigen wird, ist die funktionelle Aufrüstung inzwischen soweit fortgeschritten, dass Spitzenprodukte Merkmale der Künstlichen Intelligenz aufweisen. Damit ausgerüstet, avancierten bestimmte Drohnenausführungen innerhalb kurzer Zeit zu hochleistungsfähigen Fluggeräten mit autonomen Flugeigenschaften.

Nach dieser Vorschau werden wir uns nun der Behandlung der genannten Entwicklungsrichtungen widmen.

2. Einsatzmöglichkeiten der Drohnen durch Integration zusätzlicher Geräte

Entsprechend der vorstehend erläuterten methodischen Ankündigung befassen wir uns hier mit der Verfolgung einer Entwicklungslinie der Drohnentechnologie, deren Hauptmerkmal die Integration von *externen Geräten* besteht. Dabei trifft man auf den nachfolgend geschilderten Entwicklungsablauf.

2.1 Drohnen mit integrierter Kamera

Die Erstausstattung der Drohnen war dadurch bestimmt, dass die vorhandene Plattform des Prototyps wegen der zunächst stark begrenzten Tragfähigkeit vorerst nur mit kleinen Geräten ausrüstet werden konnte. Dafür eigneten sich kleine *Kameras*, mit denen die Drohnen zur Aufnahme von Luftbildern und auch Videos von gewählten Objekten befähigt wurden. Solche Luftaufnahmen wurden entweder in der Kamera gespeichert oder auf funktechnischem Weg an die Bodenstation online übertragen.

Das Beispiel einer solchen Fotodrohne zeigt **Bild 1**.

Bild 1   Mini-Drohne mit Kamera [4], [5], [6]

Die Kombination von Drohne und Kamera eröffnete dem Menschen eine bislang unbekannte Sichtweise auf Objekte der Erde, beispielsweise auf das eigene Heim oder Grundstück. Für spezielle Zwecke konnten außer der normalen Kamera auch solche speziellen Typs, wie beispielsweise Wärmebildkameras oder Nachtsichtgeräte, eingesetzt werden.

Die Chance, Luftbilder auf vergleichsweis komfortable Art aufzunehmen, interessierte nicht nur Hobbyflieger, sondern rief bald auch eine Vielzahl professioneller Nutzer auf den Plan, wozu Reporter, Immobilienmakler, Ökologen, Filmemacher, aber auch Paparazzi und Spione, Geheimdienstler und viele andere Berufsgruppen gehören. Als andere wichtige Einsatzmöglichkeit erwies sich auch die bildliche Überwachung ganzer Erd- oder Gewässergebiete hinsichtlich bedeutsamer Erscheinungen. Dies stellte wiederum spezielle Anforderung an die Bahnführung der dafür eingesetzten Drohnen.

2.2 Drohnen als Gepäcktransporter

Wenn Drohnen schon Kameras tragen können, dann ist es nahliegend, diese Fluggeräte auch zum Transport von *Lasten* einzusetzen. Diese Güter konnten allerdings zu Beginn aus Gründen der begrenzten Tragkraft zunächst nur von geringem Gewicht sein.

Zu den wohl ersten Anwendern dieser Verwendungsart zählen die Internet-Versandhändler. Hier gehört wohl *Amazon* zu denjenigen, welche die wohl erste *Drohnen-basierte Transportlösung* entwickelt hatten. Damit war es möglich, bei ihnen erworbene Bücher ihren Käufern innerhalb kürzester Zeit selbst in die entlegensten Gebiete zuzustellen. Diese bis dato einmalige Leistung blieb den Drohnen vorbehalten, weil diese den kürzesten Weg nehmen konnten, ohne durch Gebirge, Flüsse oder zu überquerende Meere behindert zu sein. Dazu war nach dem Eintreffen am Zielort allerdings noch das Problem des Absenkens des Transportgutes aus luftiger Höhe zu meistern. In der Anfangszeit wurde dafür eine mitgeführte Seilwinde eingesetzt, mittels der die über dem Boden schwebende Drohne die Sendung zum Boden herabließ und die Klappe des Transportgefäßes öffnete. Die spätere Lösung sah dann eine Landung der Drohne beim Empfänger vor, wobei das Transportgut unmittelbar freigegeben wurde. Danach musste die Drohne wieder neu aufsteigen und den Rückweg antreten. Das Transportgewicht war zunächst auf 2,5 kg und die Entfernung auf 50 km begrenzt.

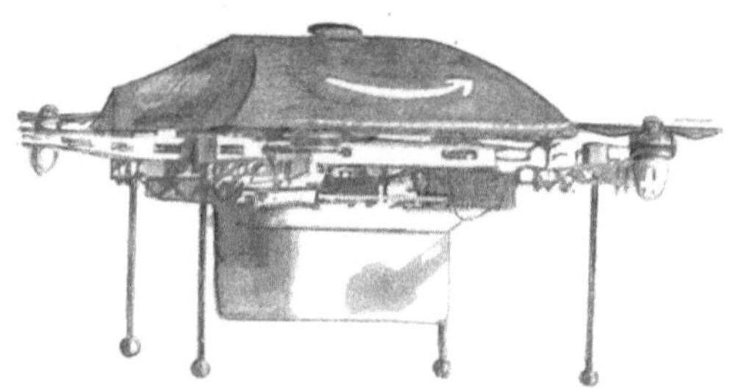

Bild 2 Beispiel einer Pakete-liefernden Drohne von *Amazon* [7], [8]

Bald wurden Gepäckdrohnen auch zum Transport dringend benötigter persönlicher Medikamente eingesetzt [9], [10]. Der Transport anderer Güter, wie Kosmetikartikel, Gegenstände des täglichen Bedarfs und anderer Wunschgegenstände folgte bald darauf.

Die Verwendung von Drohnen zum Gütertransport wurde weiter ausgebaut, indem die Lufttransporter mit quasi standardisierten Transportgefäßen, wie Koffer oder Rucksäcke, ausgestattet wurden, die nun bis zu einem vorgeschriebenen Gewicht frei beladen werden konnten. Solche Gefäße waren über den Internethandel zu beziehen [11], [12].

Mit dem Einsatz von Drohnen war eine neue Ära für den Transport von Gütern ungeachtet bestehender Grenzen und der Verteilung von Land und Meer eröffnet. Die Möglichkeiten der Belieferung von Kunden mit Waren und anderen Gütern werden beständig erweitert. Es wird wohl nur noch eine Frage der Zeit sein, bis beispielsweise bei IKEA gekaufte Möbel – wohl verpackt in Einzelteilen – ebenfalls via Drohnen zugestellt werden können.

Der ins Auge gefasste Ferntransport von Waren über große Entfernungen verlangt gezwungenermaßen eine Abkehr von der manuellen Steuerung der Drohnen unter Sichtkontrolle zugunsten einer Selbststeuerung dieser Luftfahrzeuge. Doch von Drohnen mit dem hierzu erforderlichen autonomen Verhalten wird an späterer Stelle eine genauere Darlegung folgen.

2.3 Drohnen als luftbasiertes Rettungsmittel

Eine dem Menschen auf direkte Weise zu gute kommende Verwendungsart von Drohnen betrifft den Einsatz zur Rettung von Personen aus Seenot. In jedem Jahr kommt es zu einer dreistelligen Zahl von Ertrunkenen, die entweder ihre Kräfte beim Schwimmen überschätzt hatten, einen Badunfall erlitten oder plötzlich von einem Kollaps betroffen wurden. Ausgehend davon war man der Ansicht, dass solche Personen unter Einsatz von Drohnen hätten gerettet werden können. Daher hatte man sich bereits in der Frühphase der Entwicklung der Drohnentechnologie bei DLRG, DRK Wasserwacht, der ADAC-Stiftung und anderen Rettungs- bzw. Verkehrsorganisationen Gedanken gemacht, wie solche Rettungseinsätze auf Grundlage der verfügbaren technischen Basis aussehen könnten. Das Ergebnis der Bemühungen war die Ausarbeitung einer Lösung, die den damaligen Realisierungsmöglichkeiten entsprach. Diese lässt sich dadurch charakterisieren, dass bei Auftreten einer erkennbaren Notsituation die an möglichst vielen Überwachungsstationen vorhandene Drohne aufsteigen sollte, von einem Strandwächter unter Sichtkontrolle punktgenau zum

Unfallort navigiert wird und dort ein Rettungsmittel, beispielsweise in Form eines Rettungskragens, einer Schwimmweste oder
Luftmatratze abwerfen sollte, dass sich im Wasser dann selbsttätig
aufbläst. Damit wird dem in die Notlage Geratenen die Möglichkeit geboten, solche Rettungsmittel selbst anzulegen bzw. sich daran festzuhalten. Damit wird wertvolle Zeit gewonnen, bis profes-
sionelle Retter eintreffen und die weitere Bergung übernehmen.
Dieses Konzept wird in **Bild 3** veranschaulicht.

Bild 3 Rettungsdrohne der 1.Generation

Inzwischen ist die Entwicklung weiter vorangeschritten. Eine der
Zielrichtungen ist die Erweiterung der Rettungsmöglichkeiten bezüglich der Anzahl der betroffenen Personen, Hier sind inzwischen Lösungen vorhanden, die nach Abwurf einer Rettungsinsel
bis zu 8 Personen aufnehmen können [14]. Eine andere Linie verfolgt Lösungsmöglichkeiten, die für Einsätze auf offener See ge-
eignet sind, bei denen also keine Sichtkontrolle mehr besteht bzw.
die auch bei Nacht einsetzbar sind [15]. Hier besteht das Problem
zunächst darin, dass die Havarie – am besten per Funkkontakt –
rundum gesendet werden muss, um andere darauf aufmerksam zu

machen. Dies erfordert eine entsprechende Kommunikationsausstattung. Dabei kann aber zumeist nicht die Position des Unfallortes mitgeteilt werden. Somit werden für solche Fälle Rettungsdrohnen benötigt, die das potenzielle Seegebiet absuchen können, um die Position des Havaristen zu ermitteln. Erst danach kann der Unfallort angeflogen werden, um die eigentliche Rettung vorzunehmen. Wie ersichtlich, bestehen bei solchen Einsatzfällen also wesentlich höhere Anforderungen an den Drohneneinsatz, worauf wir hier jedoch nicht im Einzelnen eingehen können.

2.4 Drohneneinsatz als Flugtaxis

Mit der Steigerung des beherrschbaren Transportgewichts kam auch bald die Frage auf, ob nicht auch *Menschen* mittels Drohnen transportiert werden könnten [16], [17]. Hier gibt es vor allem Bedarfsfälle an dringender medizinischer Hilfe, wo jede Minute zählt, zu denen u.a. Schlaganfälle und Herzinfarkte gehören. Weitere Einsatzfälle sind der Katastrophendienst, Brände sowie gravierende Havarien. Interessant wären aber auch Nutzungen im normalen alltäglichen Leben. Beispiele dafür wären Inspektionsflüge mittels Drohnen, touristische Nutzungen oder die Einrichtung von schnellen Beförderungsdiensten zu möglicherweise weit entfernten Flughäfen.

Entsprechend dieser Bedarfslage ist es inzwischen einem chinesischen Unternehmen namens *Ehang* gelungen, eine Passagierdrohne mit dem Namen *Ehang 216* vorzustellen [18]. Dieses Fluggerät ist als 8-armiges Luftfahrzeug ausgebildet und verfügt über 16 paarweise angeordnete und kontradirektional wirkende elektrisch betriebene Propeller. Einen Eindruck von diesem Flugtaxi vermittelt **Bild 4.**

Bild 4 Flugtaxi *Ehang 216* [18].

Die damit überbrückbaren Entfernungen werden mit 50 km angegeben. Dieses sog *Lufttaxi* wurde weltweit an verschiedenen Orten präsentiert und soll sogar im Emirat Doha in Dienst gestellt werden.

Für den Betrieb dieser Flugtaxis war zunächst ein „Taxifahrer" vorgesehen. Jedoch war man bald bestrebt, das Gewicht dieser Person einzusparen, um damit die Beförderungskapazität zu vergrößern. Daher widmete man sich umgehend der Entwicklung eines fahrerlosen Lufttaxis. Hierbei gelang es der Firma *Ehang* innerhalb kurzer Zeit, ein autonomes Lufttaxi vorzustellen, das dank der Einsparung des Fahrers nunmehr 2 Fahrgäste befördern konnte. Das autonome Bewegen von Fahrzeugen im allgemeinen Verkehrsgewühl stellt erhebliche Anforderungen, denen sich wohl zuerst die Automobilindustrie gestellt hatte. Diese Problematik ist beim autonomen Drohnenbetrieb zwar ähnlich, wobei jedoch die Randbedingungen in abgeschwächter Form bestehen.

Im Zuge der weiteren Steigerung der Transportkapazität gelang es einer in der Umgebung von München ansässigen deutschen Firma namens *Lilium*, eine Taxidrohne für den Transport von bis zu 5 Personen zu entwickeln [19], [20]. Dieses Fluggerät verfügt über

36 schwenkbare elektrische Propellereinheiten sowie kurze Flügel, welche den Auftrieb unterstützen. Somit sollen Flugleistungen erreicht werden, die durch eine Maximalgeschwindigkeit von 300 km/h sowie eine Reichweite mit einer Batterieladung von 300 km charakterisiert werden. Nach erfolgter Zulassung eines Prototyps soll der Betrieb 2025 aufgenommen werden. Nach anfänglicher Steuerung durch einen Piloten soll später ein autonomer Betrieb möglich sein. Die ehrgeizigen Ziele gehen von der Erwartung eines zukünftigen Absatzes von weltweit bis zu 100 000 Stück aus.

Bild 5 5-sitzige Taxidrohne von *Lilium* [20]

Mit der Firma *Volocopter GmbH* aus Bruchsal gibt es ein weiteres deutsches Unternehmen, das vor allem elektrisch angetriebene Taxidrohen entwickelt und herstellen lässt. Die erste Vorstellung des Prototyps *VC200* erfolgte auf der auf der Messe *aero* im Jahr 2014, der dann der Typ *VC200/2*X als 4. Genration und 1. Serienmodell folgte. Die Luftfahrzeuge verfügten über eine Fahrgastkapsel in Karbonbauweise und waren mit 6 hexagonal angeordnete Rotorarme mit je 3 Motor-Propeller-Einheiten ausgestattet. Einen Eindruck von den Volodrohnen vermittelt **Bild 6.**

Bild 6 Beispiel einer Drohne der Fa. Volocopter GmbH [21]

Die Weiterentwicklung war dann der Typ *VoloCity*, dessen Erstflug 2021 erfolgte. Hierbei handelt es sich um erste städtische Lufttaxi, das bereits autonom starten, fliegen und auch wieder landen konnte. Dieser Typ war zusätzlich mit 2 Seitenleitwerken ausgestattet, um den Flug noch besser zu stabilisieren [22].

Zum Spektrum der Entwickler von Taxidrohnen gehören Firmen, die an noch leistungsfähigeren Taxidrohnen arbeiten. Dazu zählt die Firma *DJI Enterprise*. Hier arbeitet ein weltweit verteiltes Entwicklerteam, an Drohnenlösungen, zu der auch eine sog. *Monsterdrohne* gehört [23]. Das typische Merkmal der Bauform ist die ringartige Anordnung der Motor-Propeller-Einheiten, um eine noch höhere Tragkraft zu erreichen und damit eine noch größere Anzahl von Personen befördern zu können. Es wird aber wohl noch eine Weile dauern, bis ganze Mannschaften zu den jeweiligen Orten ihrer Punktspiele mittels einer einzigen Drohne befördert werden können.

Wie den vorstehenden Ausführungen zu entnehmen ist, hat die bisherige Entwicklung der Drohnentechnologie auf der Basis der Integration externer Komponenten zu technischen Lösungen geführt, deren Erscheinungsbild erheblich von dem des ursprünglichen Prototyps abweicht. Als sichtbare Gemeinsamkeit ist jedoch die Verwendung relativ kleiner schlanker elektrischer Motor-Propeller-Einheiten erhalten geblieben, von denen jedoch mit Zunahme der Beförderungskapazität eine steigende Anzahl benötigt wird.

3. Informationelle Aufrüstung der Drohnentechnologie

Parallel zu der vorstehend geschilderten Entwicklungslinie entwickelte sich die Drohnentechnologie auch hinsichtlich der *funktionellen* Aufrüstung. Damit ergibt sich ein zweites Unterscheidungsmerkmal, unter dem dieses Fachgebiet behandelt werden kann.

Grundlage für die nunmehr betrachtete funktionelle Entwicklung der Drohnen sind die benötigten informationstechnischen Mittel, zu denen insbesondere Sensoren, Prozessoren, Informationsspeicher und Funkübertragungssysteme gehören. Besonders die Ausstattung mit Sensorik kann sehr vielseitig sein, wozu vor allem Abstandssensoren, das Radar und auch das GPS gehören.

Unter Verwendung solcher technischer Mittel und zweckgerichteter Software-Lösungen wurden auf verschiedene Aufgaben gerichtete funktionelle Verbesserungen erreicht, von denen hier nur die wichtigsten vorgestellt werden sollen.

3.1 Kollisionsvermeidung

Der erdnahe Luftraum – das Medium, in dem sich die Drohnen bewegen, – birgt durchaus spezifische Gefahren, indem sich ihrer Bewegung sowohl statische als auch dynamische Hindernisse entgegenstellen. Zu den *statischen* Hindernissen gehören Gebäudeteile, Bäume, freistehende Masten, Schornsteine und auch Windkraftanlagen u. a. Bewegliche Hindernisse, also solche dynamischer Art, können andere Flugkörper sein, welche das gleiche Medium in der Umgebung des eigenen Bewegungsraums nutzen. Dazu zählen dann Vögel, weitere Drohnen und auch Flugkörper anderer Art.

Solange Drohnen vom Boden aus unter Sichtkontrolle betrieben werden, hat der Betreiber die Möglichkeit, Kollisionen mit Hindernissen durch Ausführung einer Ausweichbewegung zu verhindern. Dies verlangt nicht nur beständige Aufmerksamkeit, sondern beschränkt auch den Einsatzrahmen der Drohnen. Es wäre somit sehr von Nutzen, die Drohnen mit einem Modul auszustatten, welcher die Funktion der autonomen Kollisionsvermeidung übernimmt. Eine solche Komponente würde nicht nur die bodengestützte Drohnenführung erleichtern, sondern auch den angestrebten autonomen Drohnenbetrieb überhaupt erst ermöglichen. Das Vorhandensein einer *autonomen Hindernisvermeidung* ist somit für den Drohnenbetrieb von grundlegender Bedeutung.

Die Aufgabe der Kollisionsvermeidung besteht in der Abtastung des sich verändernden umgebenden Luftraums auf vorhandene Hindernisse und, bei Entdeckung einer solchen Gefahr, aus diesen Daten eine proaktive Änderung des Flugpfades zu berechnen und auszuführen, der kollisionsfrei ist.

Die Verfahren der Vermeidung *statischer* Hindernisse basieren auf verschiedenartigen Prinzipien. Hier sind vor allem das Abstands-, Zwischenpunkt- sowie das Zonenkonzept zu nennen.

Einige davon wurden im Labor des Autors entwickelt und getestet [24]. Das Zwischenpunktverfahren eignet sich vor allem zur Umfahrung kompakter Hindernisse. Dazu veranschaulicht **Bild 7** ein diesbezügliches Beispiel der Kollisionsvermeidung auf Grundlage der errechneten Ausweichbewegung [25].

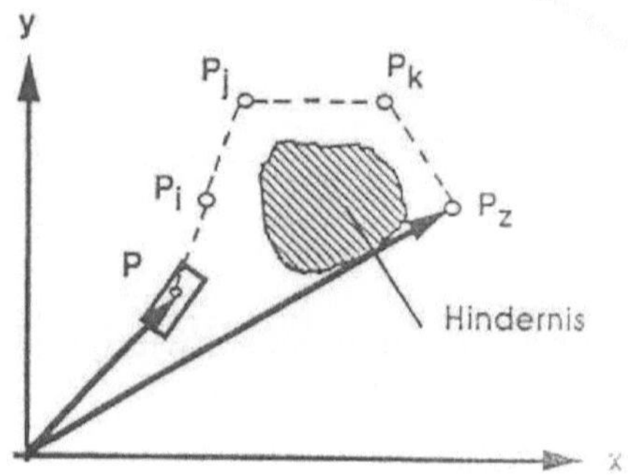

Bild 7 Beispiel der Umfahrung eines statischen Hindernisses nach dem Zwischenpunktkonzept

Es können auch kompliziertere Fälle von Hindernissen auftreten, welche höhere Anforderungen stellen. Dazu zählt die Aufgabe, aus eng umschlossenen Anordnungen, wie Gebäuden oder Höhlen, in die sie zuvor eingedrungen waren, wieder herausfinden. Auch dieser Fall lässt sich beherrschen, wie anhand von Simulationsexperimenten nachgewiesen wurde [26]. Dies belegt das in **Bild 8** veranschaulichte Beispiel.

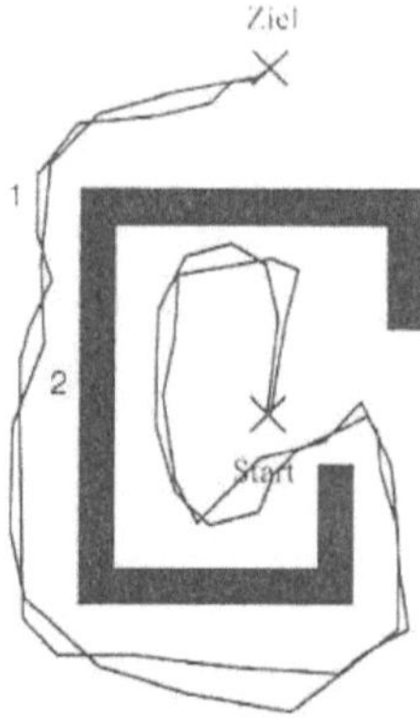

Bild 8 Kollisionsvermeidung bei schwierigen statischen Hindernissen nach dem Zonenkonzept [26]

Es ist nun noch auf die Kollisionsvermeidung bei *dynamischen* Hindernissen einzugehen. Da solche Gefahren während des Fluges spontan auftreten können und die Beziehungen zwischen den beiden Flugbahnen sich ständig verändern, liegen kompliziertere Verhältnisse vor, die ein andersartiges Herangehen verlangen.

In diesem Fall wird ein dreistufiges Verfahren verwendet [24]. In der ersten Phase wird aus der Extrapolation des eigenen Kurses und dem anhand von Messungen geschätzten Kurs des gegnerischen Objekts geprüft, ob sich die Flugbahnen überhaupt schneiden. Da dem eigenen Fahrzeug keine Informationen über Position, Kurs und Geschwindigkeit des gegnerischen Objekts zur Verfügung stehen, müssen diese aus eigenen Messungen rekonstruiert werden. Wird eine solche Situation festgestellt, dann folgt eine weitere Untersuchung. Hier geht es darum festzustellen, ob beide Gegner den potentiellen crash-point zum gleichen Zeitpunkt erreichen. Wird dieses Szenario festgestellt, dann wird ein Ausweichmanöver berechnet. Die bestehenden Zusammenhänge werden in **Bild 9** veranschaulicht.

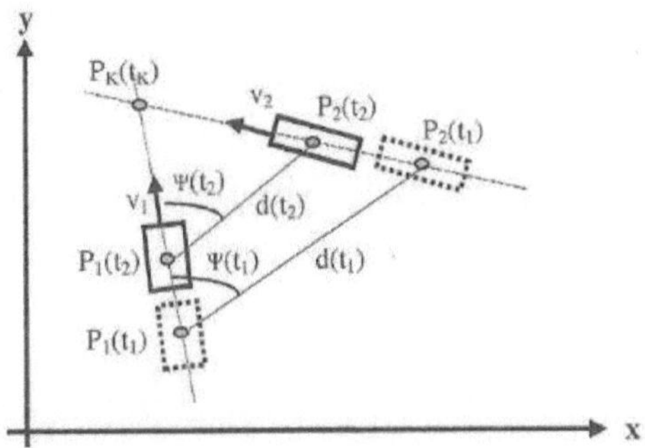

Bild 9 Prinzip der Situationsanalyse bei dynamischen Hindernissen

Bei der Umsetzung dieses vergleichsweise komplizierten Verfahrens kann man auf den in der Luftfahrt seit langem verwendeten Antikollisionsmodul zurückgreifen. Da hier die Objektbeobachtung bereits auf größere Entfernungen erfolgt, werden hier bevorzugt Radarsensoren eingesetzt.

3.2 Navigation

Für den Betrieb von Drohnen mit der Eigenschaft der *autonomen Zielführung* müssen diese in der Lage sein, eigenständig zielorientiert zu navigieren. Hierbei handelt es sich um eine Aufgabe, die in der Seefahrt seit Urzeiten ansteht. Dazu wird die Navigation vielfach noch per Hand unter Verwendung mitgeführter Seekarten, von Lineal, Dreieck und Zirkel ausgeführt und damit der einzuschlagende Kurs bestimmt.

Dieses Verfahren lässt sich in die digitale Welt umsetzen, indem anstelle der Seekarten sog. *digitale Karten* verwendet werden. Solche Karten enthalten bereits die Küstenlinien und sonstigen Sperrgebiete, die, wenn diese als Hindernisse auftreten, zu umfahren sind. Darin wird nun das jeweilige Ziel eingetragen. Die Digitale Karte wird nun zweckmäßiger Weise in Form eines Graphen mit gewichteten Kanten repräsentiert. Diese Abbildung bietet die Möglichkeit, graphentheoretische Methoden einzusetzen. In diesem Fall wird der einzuschlagende Kurs anhand einer durchgeführten Pfadoptimierung ermittelt [24]. Eine detailliertere Darlegung dieses Verfahrens überschreitet hier den vorgesehenen Rahmen.

Ein einfacheres Verfahren besteht darin, anhand von GPS die eigen Position und die des Zielpunktes zu bestimmen. Aus diesen zwei Punkten kann dann der einzuschlagende Kurswinkel berechnet werden. Dieser wird dann solange verfolgt, bis eine mitlaufende Prozedur, weit vorausschauend, ggfs. ein Hindernis entdeckt. Bei Annäherung an ein solches Objekt wird dann rechtzeitig auf die Kursbestimmung nach einem Verfahren der Hindernisvermeidung umgeschaltet.

3.3 Anwendungen mit flächenhafter Bahnbewegung

Für bestimmte Anwendungen ist es notwendig, dass die Drohnen eine entweder mäanderförmige oder auch spiralförmige Bahnbewegung über einem definierten flächenhaften Gebiet ausführen. Dafür wird eine Steuerung benötigt, der eine bestimmte Strategie zugrunde liegt. Ihre Verfolgung verlangt wiederum eine beständige Ortsbestimmung, die üblicherweise in Kontakt mit einem GPS erfolgt. Aufgaben dieser Art stellen sich in ziemlicher Vielfalt. Dazu zählen Drohneneinsätze in der Land- und Forstwirtschaft, wobei solche Flächen von der Luft aus auf Schädlingsbefall oder auch Brände überwacht oder auch mit Dünger oder Schädlingsbekämpfungsmitteln behandelt werden sollen [29]. Weitere Aufgaben dieser Art stellen sich bei der Überwachung von Wäldern hinsichtlich des Ausbruchs von Bränden, Savannen hinsichtlich der Aktivitäten von Wilderern oder auch Seegebieten bezüglich des Vorhandenseins oder bestehender Notlage von Flüchtlingsbooten oder auch der Ausbreitung von Ölverseuchungen.

Wie aus den geschilderten Fällen hervorgeht, hat die in verschiedener Richtung erfolgte funktionelle Aufrüstung der Drohnen eine erhebliche Ausweitung ihrer Leistungsmerkmale bewirkt, die zunehmend Merkmale der Künstlichen Intelligenz aufweist. Dabei erlangten die Drohnen u. a. die bemerkenswerte Fähigkeit, sich im weitgehend leeren dreidimensionalen Luftraum autonom zu bewegen.

4. Autonome Drohnen

Ein Teil der Drohneneinsätze erfolgt unter menschlicher Führung zumeist vom Boden aus. Dies setzt eine Sichtverbindung voraus, was wiederum den Aktionsradius einschränkt. Wird dieser Kontakt unterbrochen, beispielsweise wie di Sicht verdeckt ist, so kann es zu Kollision und Abstürzen der beschädigten Drohnen kommen.

Anwendungsfälle von Drohen sind dann dadurch realisierbar, wenn eine Bildrückkopplung angewendet wird. Dazu ist die betreffende Drohne mit einer Kamera und drahtlosen Informationsübertragung auszustatten und der „Drohnenführer" benötigt einen Monitor zum Bildempfang. Auf diese Weise sind u. U. große Entfernungen überbrückbar. Vom Drohnenführer wird nun eine beständige Aufmerksamkeit verlangt, damit es nicht Kollisionen kommt. Entsprechend dieser

Gefahr wird diese Art der Fernsteuerung von Drohnen auch nur in Sonderfällen – vor allem im militärischen Bereich – eingesetzt.

Somit verbleibt für weitentfernte oder auch längerdauernde Einsätze nur die Eigensteuerung der Drohnen, was eine *autonome* Betriebsart erfordert.

Die autonome Steuerung von Fahrzeugen, gleich welcher Art, bildet ein anspruchsvolles Problem. Dies wird besonders deutlich, wenn man an die autonomen Automobile denkt, an denen seit einiger Zeit mit großem Nachdruck gearbeitet wird. Die Lösungen müssen nämlich auch tauglich und hinreichen sicher sein, um Autos bei dichtem Verkehr fahrerlos durch die engen Straßen von Großstädten und Ballungsgebieten unter Berücksichtigung der Imponderabilien des Verhaltens von Passanten und anderen Verkehrsteilnehmer zu leiten, was eine beträchtliche Herausforderung darstellt. Demgegenüber sind die Forderungen an den autonomen Betrieb von Drohnen angesichts des offenen und weitgehen unbeschränkten Luftraums bedeutend niedriger.

Im Folgenden werden wir versuchen, einen Eindruck von der Funktion autonomer Drohnen zu vermitteln. Die Darlegungen sollen dabei anhand eines Dienstgeber-Dienstnehmer-Modells erfolgen, welches **Bild 10** zeigt [30].

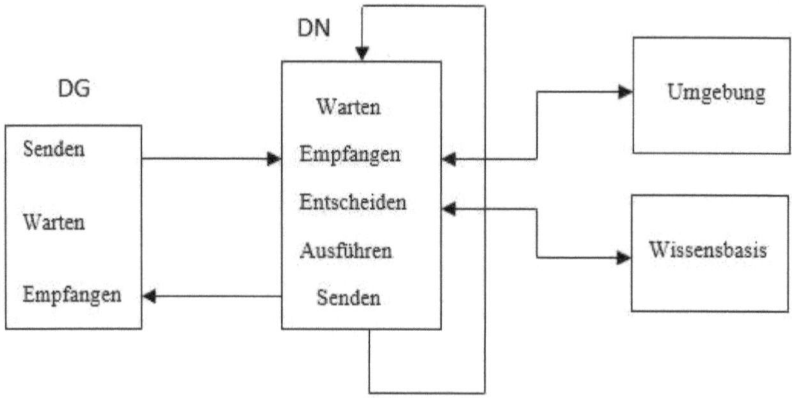

Bild 10 Verhaltensmodell autonomer Systeme [30]

Nehmen wir an, eine Drohne erhält von einem Dienstgeber DG einen Auftrag für eine auszuführende Leistung, so sendet sie diesen inclusive aller zu berücksichtigenden Nebenbedingungen an den Dienstnehmer $DN,$ der daraufhin tätig wird. Dazu macht sich dieser im Rahmen einer *Situationswahrnehmung* zunächst ein Bild von der aktuell bestehenden Situation, indem er unter Einsatz einer geeigneten bordeigenen Sensorik die im vorliegenden Fall sich fortlaufend verändernde Umgebung abfragt. Im zweiten Schritt erfolgt eine *Situationsbewertung.* Hier wird festgestellt, welcher Art die angetroffene Situation ist. Entsprechend der gewonnenen Erkenntnis erfolgt nun Schritt drei, die *Situationsbewältigung.* Hier ist nun eine Entscheidungen bezüglich eines möglichst zielführenden Eingriffs zu treffen. Um begründete zu Entscheidung treffen zu können, bedarf es wiederum der Kenntnis möglichst vorteilhafter (Handlungs-)Alternativen. Diese holt sich der DN wiederum aus einer *Wissensbasis.* Anhand dieser wird nun eine *Entscheidung* über die mutmaßlich geeignetste Handlung getroffen und dies auch realisiert. Auf diese Weise nähert sich die Problemlösung schrittweise ihrem Ziel. Wird dieses dann erreicht, dann wird das Ergebnis an den DG übermittelt.

Wie bereits aus den verwendeten Bezeichnungen hervorgeht, umfasst der hier nur grob skizzierte Lösungsprozess Schritte, die kognitiven Charakter tragen. Somit besitzen autonome Systeme Merkmale der *Künstlichen Intelligenz.* Es handelt sich also hier um Systeme, deren Verhalten weit über das von der klassischen Automatisierungstechnik bisher behandelte Spektrum hinausragt.

Eine grundlegende Komponente des hier benötigten intelligenten Systems ist das Teilsystem der Sensorik. Hier stießen wir bei unseren Recherchen auf ein hochentwickeltes Lösungsangebot der Würzburger Firma *EmQopter GmbH,* die sich *Drone Tech Experts* nennt. Die Offerte umfasst einerseits ein ganzes Spektrum an rechnergestützten Modulen, die jeweils Komplettpakete bieten. Diese enthalten spezifische Sensorlösungen für die verschiedensten Hindernisarten und Einsatzfälle, sei die Umgebung kostrastarm, blickdicht, verschwommen, reflektierend oder durchscheinend. Dementsprechend finden in den Kunststoffgekapselten Modulen wahlweise Infrarotabstands-, Ultraschall-, Laserimpulssensoren und auch Kombinationen von diesen Anwendung [31]. Einen Eindruck von der Ausführung solcher Module vermittelt **Bild 11**.

Bild 11 Beispiel eines Sensormoduls der Fa. *EmQopter GmbH* [31]

Der Einsatz dieser kleinen, intelligenten und an Bord mitgeführten Flugassistenzsysteme ermöglicht die vollautonome Durchführung des kompletten Flugs vom Start bis zur Landung, einschließlich der Navigation, Hinderniserkennung Kollisionsvermeidung und aktiven Abstandsregelung.

Die Firma bietet weiterhin vollautonome Lieferdrohnen für den urbanen Einsatz, ausgestattet mit ihren Sensormodulen. Die Drohnen verfügen über 8 Rotoren, haben eine Spannweite von 140 cm, können eine Last von 3 kg befördern unde erlauben eine Flugzeit von bis zu 15 min [31].

5. Militärische Drohnen

Eine spezielle Art des Drohneneinsatzes findet sich im militärischen Bereich, worauf wir hier nur kurz eingehen.

Der ursprüngliche Einsatzzweck militärischer Drohnen besteht in der *Luftaufklärung* in oftmals fernen Feindgebieten [32]. Hierbei geht es vor allem um das Erkennen gegnerischer Aktivitäten hinter den Frontlinien, die Beobachtung und Verfolgung terroristischer Gruppen wie auch die Grenzüberwachung in unzugänglichen Regionen. Dabei handelt es sich um unter besonderen Bedingungen geführte, oftmals weit entfernte Einsätze. Diese Besonderheiten erfordern andere Bauformen, wie etwa die Ausführung als Luftschiffe. Als Beispiel sei hier auf die militärische Drohne *Predator* des US-Herstellers *General Atomics* verwiesen, deren Abbildung **Bild 12** veranschaulicht.

Bild 12 bewaffnete US-Drohne *Predator* [32

Die Anforderungen an solche Drohnen sind beträchtlich. Dazu zählt ein verdeckter autonom gesteuerter Anflug an das Zielgebiet in geringer

Flughöhe unter Ausnutzung des Bodenprofils, um der Entdeckung durch das gegnerische Radar zu entgehen. Diese Aufgabe wird weitgehend von einem Bodenradar übernommen. Die Zielführung wird von der Aufnahme detaillierter Bildinformationen begleitet, die per Funkkommunikation an das Einsatzcenter übertragen werden. Während der Flüge agieren die Drohnen weitgehend selbständig, wofür eine sog. assistierte Agentenfunktionalität verlangt wird. Die Einsätze militärischer Drohnen werden – oftmals über tausende von Kilometern entfernt – von Bodenstationen oder Flugzeugträgern aus von erfahrenen Kampfpiloten geleitet. In den Terminals befinden sich zumeist Zwei-Mann-Besatzungen, von denen die eine Person für die Zielführung und die andere für den Waffeneinsatz zuständig ist.

Militärische Drohnen können inzwischen mit Präzisionswaffen, darunter Laser-gelenkten Raketen, ausgerüstet werden und werden damit zu Waffenträgern. Sie sind nun potenziell in der Lage, auch präzise Luftschläge auszuführen. Solche *Kampfdrohnen* genannten Flugkörper können bis zu 36 Stunden in der Luft bleiben und stehen in verschiedenen Größen und mit unterschiedlicher Ausrüstung im Angebot [32].

Inzwischen laufen längst Vorbereitungen, die den militärischen Drohnen die Eigenschaft der Eigenautonomie verleihen sollen. Drohnen dieser Art erhalten dann von einem an einem ggfs. weit entfernt befindlichem Standort befindlichen Kampfpiloten nur noch einen Dienstauftrag für die jeweilige Mission mit Angabe der Zielposition, der funktechnisch übermittelt wird., dessen selbstständige Ausführung unter Berücksichtigung des dabei angetroffenen unbekannten Geländes den Drohnen überlassen bleibt. Nähere Ausführungen dazu finden sich in [32]. Eine verbreitete Kampfdrohne ist die *MQ9,* über deren Anschaffung bei den Militärs verschiedener Länder nicht nur nachgedacht wird.

Für die Zukunft ist eine weitere funktionelle Aufrüstung der Kampfdrohnen zu befürchten, indem diese auch noch befähigt werden, ihre Ziele selbst aussuchen und möglicherweise sogar eigenständig über deren Vernichtung zu entscheiden.

6. Einsatzmöglichkeiten der Drohnen zur Entlastung des Straßenverkehrs

Ein besonders in den Großstädten und Ballungszentren der Industrieländer bestehendes und mittlerweile stark bedrückendes Problem ist die übermäßige Belastung des vorhandenen Verkehrsraums durch Automobile. Hier kommt es immer häufiger zur Staubildung, werden die Anwohner durch überbordenden Lärm belastet und es kommt zu verkehrsbedingten Gesundheitsschäden [33]. Somit bedarf es dringend einer erheblichen Reduzierung des ausufernden Automobilverkehrs. Hier werden große Hoffnungen auf eine Entlastung des Straßennetzes durch den Einsatz von Drohnen gesetzt. In diesem Zusammenhang ist jedoch zu berücksichtigen, dass hier mit dem erdgebundenen Straßenverkehr und dem ziemlich freizügigen Luftverkehr zwei unterschiedliche Welten aufeinander treffen. Daher sind für das Zusammenwirken beider Verkehrsräume spezielle infrastrukturelle Maßnahmen erforderlich.

6.1 Besondere Eignungsmerkmale

Drohnen stellen nur geringe Ansprüche an die benötigten Start- und Landeplätze, agieren in einem weitgehend unstrukturierten dreidimensionalen Bewegungsraum, können allerlei nützliche Aufgaben ausführen, erzeugen kaum Fluglärm, benötigen zu ihrem Betrieb nur regenerative Energien und sind folglich auch sehr umweltfreundlich. Diese Merkmale zählen zu den positiven Seiten.

Jedoch wird schnell klar, dass dieses Luftverkehrsmittel kein unmittelbarer Ersatz für das inzwischen vielfach beargwöhnte Automobil sein kann, allein wenn man sich vorstellt, dass solche Verkehrsmittel nicht wie Automobile einfach am Straßenrand abgestellt werden können. Ergo wird man sich auf besondere Einsatzformen der Drohnentechnologie auf dem Gebiet des Verkehrs konzentrieren müssen.

6.2 Infrage kommende Einsatzmöglichkeiten von Drohnen im Verkehrswesen

Wenn eine vollständige Substitution des wichtigsten erdgebundenen Verkehrsträgers nicht in Betracht kommt, dann richtet sich unser Augenmerk auf andere möglich erscheinende Verwendungsarten. Hierzu erlaubt sich der Autor, einige Anregungen und vielleicht auch Vorschläge zu unterbreiten.

Nach wie vor interessant sind hier Anwendungen, die den Schnelltransport von Gütern und auch Personen zu bestimmten Positionen betreffen. Dabei ist bei der Personenbeförderung weniger an die morgendliche Schnellbeförderung eines *CEO (Chief Executive Officer),* d. h. Vorstandsvorsitzenden/Geschäftsführers, von seinem idyllischen Wohnsitz zu seiner Firma und abends wieder zurück gedacht. Viel wichtiger ist indessen die Übernahme von Einsätzen in Rettungs- bzw. Katastrophenfällen, da es hier auf ein schnelles Handeln ankommt. Hier könnte man sich sogar die Ausführung von Rettungsdrohnen im Sinne eines Notfallfahrzeuges vorstellen. Nähere Informationen zu diesem Thema finden sich auch in **Abschn. 2.3.**

Ein anderes Einsatzgebiet wäre auch die Einrichtung von luftgestützten Zubringern zu entfernten Flughäfen. Hier kämen vor allem Passagierdrohen mit größerer Personenkapazität in Betracht.

Ein bedeutendes Einsatzgebiet für Drohnen wird im Bereich des Warentransports gesehen. Hier resultiert einerseits aus dem zunehmenden Internethandel eine erhebliche Steigerung des Transportbedarfs bei der Auslieferung der gekauften Waren. Dem könnte entgegengewirkt werden, wenn ein erheblicher Teil der bisher dafür eingesetzten Fahrzeuge der Logistikfirmen DHL, UPS, Hermes, Post u. a., welche wesentlichen Anteil an der Verstopfung der Innenstädte haben, durch geeignete Lösungen auf Drohnenbasis ersetzt werden würde.

Auch die Discounter müssen beliefert werden, wofür größere Transportkapazitäten notwendig sind. Hier ist z. Z. noch offen, inwieweit auch dafür drohnenbasierte Lösungen möglich sein werden. Somit sieht man die gesamte Logistikbranche vor einem Umbruch bezüglich der Art ihrer Lieferdienstleistungen.

Neben der Übernahme von Transportleistungen für Güter und Personen können Drohnen auch Arbeitsaufgaben übernehmen. Geeignete Einsatzmöglichkeiten gäbe es dazu in der Land- und Forstwirtschaft. Wegen des flächenhaften Charakters der zu überfliegenden Gebiete sind hier jedoch spezielle Navigationsverfahren einzusetzen. Das gleiche Problem besteht auch bei der Übernahme der zuvor genannten Überwachungsaufgaben.

6.3 Ladungsübergabe

Mit der luftgestützten Drohnentechnologie und dem erd-, und speziell straßengebundenen Verkehrssystem treffen zwei völlig unterschiedliche Welten aufeinander, sodass darauf abgestimmte infrastrukturelle Maßnahmen erforderlich sind. Dazu werden nachfolgend einige Vorschläge unterbreitet.

Die Ladungsübergabe sollte, soweit möglich, in der Nähe der Bedarfsträger erfolgen und dem Luftraum möglichst nahe sein. Dazu sollte ein generelles Parkverbot der Drohnen auf allen Straßen ausgesprochen werden. Soweit eine Ladungsübergabe unmittelbar beim Empfänger unbedingt notwendig ist, sollte diese auf besonders dafür vorgesehenen Plätzen erfolgen und nur ein kurzzeitiges Halten erfordern. Diese Maßnahme gewährleistet, dass der in den Großstädten und Ballungsräumen besonders kostbare Verkehrsraum nicht durch pausierende Fahrzeuge belegt und damit eingeengt wird. Es ist zu überlegen, ob dieses Parkverbot auch für Autos und andere abgestellte Fahrzeuge oder Gegenstände übernommen werden sollte.

Betrachten wird die benötigten Übergabestationen näher, so ist es gut, wenn sich die Straßenbebauung und der Luftraum möglichst nahe begegnen. Dies bedeutet dann, dass der senkrechte Start und die Landung der Drohnen innerstädtisch möglichst auf die Dächer von Großgebäuden zu verlagern ist.

6.4 Verwahrungen der Drohnen

Es stellt sich nun die Frage nach dem Wohin mit dem zeitweise oder vielleicht sogar langzeitlichen Abstellen unbenutzter Fahrzeuge. Dazu haben die Eigentümer von Drohnen die Möglichkeit, diese auf ihrem Grundstück oder einem gemieteten Platz in einem Parkhaus zu verwahren. Die kommerziell genutzten Drohnen, etwa von Logistikfirmen, privaten Krankentransportfirmen, Zustelldienstleistern, aber auch kommunale Dienste und die Polizei haben ohnehin ihren eigenen Fuhrpark mit zugehörigen Unterstellmöglichkeiten, die für auch für Drohnen genutzt werden können. Bei den Anlagen der Versandhäuser kommt ebenfalls das Firmengelände in Betracht. Dort sollten nicht nur Reinigungs- und Reparaturarbeiten durchgeführt werden können, sondern vor allem Ladestationen für das Auftanken der Bordbatterie vorhanden sein.

Soweit es sich bei dem Parkbedarf um abgelegene Gegenden handelt, ist die Aufbewahrung der Drohnen weniger kritisch.

6.5 Nutzung des Luftraums durch die Drohnen

Für das Agieren der Transportdrohnen sollte nur der untere Teil des Luftraums in Anspruch genommen werden, auch um Kollisionen mit den höher fliegenden Flugzeugen weitgehend auszuschließen, Die Obergrenze dafür sollte von Experten bestimmt werden. Der verfügbare Transportraum sollte weiterhin in Schichten aufgeteilt werden, in denen dann wiederum mehrere virtuell beschriebene parallele Spuren vorgesehen werden. Somit bestehen gewisse Vorschriften für von Drohnen nutzbare Pfade, unter denen jeweils gewählt werden kann. Dabei sollte der Überflug sensibler Gebiete, etwa militärischer Art, vermieden werden. Mit der Verfügbarkeit mehrerer paralleler Spuren soll dem Auftreten von Verkehrsstaus entgegengewirkt werden.

Die höheren Schichten sollten Drohnenflügen zu weit entfernten Zielen vorbehalten bleiben, um deren Flugroute möglichst wenig einzuschränken. Hierbei handelt es sich dann um eine Navigation in unstrukturierter Umgebung.

6.6 Bereitstellung der Stromversorgung

Die für den Antrieb der Propeller benötigte elektrische Energie wird zwar in hocheffektiven Speichern an Bord mitgeführt, ist aber dennoch nur begrenzt verfügbar. Dementsprechend sollten Drohnen nur dann aufsteigen dürfen, wenn ihr Akku voll aufgeladen ist. Die Ladung erfolgt an „Stromtankstellen", die üblicherweise an den vorgesehenen Parkplätzen der Drohnen installiert sind.

Es können jedoch auch Transportaufträge verlangt werden, die Langstreckenflüge beinhalten und daher mit einer einzigen Batterieladung nicht bewältigt werden können. In solchen Fällen ist dementsprechend das ein- oder auch mehrmalige Nachladen des Bordakkus unumgänglich.

Das gleiche Problem ist aus dem Betrieb von e-Mobilen ebenfalls bekannt. Der hauptsächliche Lösungsweg besteht dort in der Errichtung eines hinreichend dichten und flächenhaft verteilten Netzes von Ladestationen. Auch bei den Drohnen wird man auf Dauer nicht um solch eine Infrastruktur herumkommen. Hinzu kommt dort, dass diese den Bedarf einer Nachladung auch selbst erkennen, im Bedarfsfall auch die nächstgelegene Tankmöglichkeit ausfindig machen, dieselbe anfliegen und dort landen müssen. Dort ist dann an die Ladestation anzudocken, nach Erreichen der Vollladung wieder abzukoppeln, danach wieder aufzusteigen um die Mission weiter fortzusetzen. Dies klingt alles ziemlich kompliziert. Dennoch kann hier an Lösungen angeknüpft werden, die bereits bei sog. Rasenmährobotern Standard sind im Internethandel recht preiswert angebotenen werden [34]. Dort gibt es offenbar eine Problemlösung, welche das automatische Nachladen des Akkus eines mobilen Geräts bis auf das bei den Luftfahrzeugen hinzu kommende automatische Landen und spätere Wiederaufsteigen beherrscht.

Wie aus den vorstehenden Darlegungen hervorgeht, kann die Drohnentechnologie bei all ihren verlockenden Eigenschaften den automobilen Straßenverkehr nicht vollständig ersetzen. Wohl aber bestehen durchaus zahlreiche spezifische Einsatzmöglichkeiten, die bei weitem noch nicht vollständig genutzt werden.

7. Drohnen mit Wasserstoffantrieb

Der Einsatz Technischer Drohnen leidet unter dem Handicap von Beschränkungen hinsichtlich der Reichweite bzw. Dauer des Luftaufenthalts. Diese resultieren daraus, dass diese technischen Gebilde, wie auch andere Fahrzeuge, mit dem mitgeführten Treibstoff auskommen müssen. Die Energiebasis bildet hier *Gleichstrom*, der normalerweise in Akkumulatoren gespeichert wird. Dafür werden weitgehend Stromspeicher auf Basis der Lithium-Ionen-Technologie eingesetzt, welche den derzeit höchsten Stand verkörpern. Somit gibt es allein aus Gründen der Traglast der Drohnen Begrenzungen der Speicherkapazität. Dementsprechend können derzeit bestimmte, durchaus interessante Drohneneinsätze nicht realisiert werden.

Inzwischen wird fieberhaft an verbesserten bzw. neuartigen Speichertechnologien gearbeitet, die zwar Fortschritte bringen, aber das Energieproblemen der Drohnen nicht grundsätzlich lösen.

Hier ist jedoch inzwischen eine neuartige Speichertechnologie auf den Plan getreten, die neuartige Perspektiven aufzeigt. Das Schlüsselwort heißt *Wasserstofftechnologie*.

Wasserstoff ist ein alternativer Energieträger hoher Energiedichte, der sich auch gut speichern lässt. Für die Generierung des Wasserstoffgases wird ein *Wasserelektrolysateur* eingesetzt. Seine Funktion ist dadurch bestimmt, dass leitfähig gemachtes Wasser, bei Anlegung einer Gleichspannung eine Ionenwanderung zwischen zwei Elektroden entstehen lässt, wobei sich molekularer Wasserstoff H_2 an der Kathode (Minuspol) und Sauerstoff O_2 an der Anode (Pluspol) anreichert. Aus diesem Speichergas lässt sich jederzeit elektrischer Strom gewinnen, wofür *Brennstoffzellen* eingesetzt werden können. Hierbei handelt es sich um galvanische Zellen, welche die Energie eines chemischen Trägers, im vorliegenden Fall also von Wasserstoff, unter Mitwirkung von Sauerstoff als Oxydator mit hohem Wirkungsgrad in elektrischen Strom verwandeln. Der Aufbau von Brennstoffzellen wird durch zwei Elektroden bestimmt, zwischen denen sich eine Membran bzw. ein

Elektrolyt befindet mit deren Hilfe das Speichergas bei Bedarf wieder „verstromt" wird. Der dabei als Nebenprodukt anfallende Sauerstoff wird, falls es für ihn keine andere Verwendung gibt, an die Umgebungsluft abgegeben. Das Abprodukt der Brennstoffzelle ist Wasser.

Wie aus den Darlegungen hervorgeht, verfügt die Wasserstofftechnologie über hervorragende Eigenschaften. Sie bietet einen Energieträger hoher Energiedichte, der sich gut speichern lässt, kommt ohne mechanische Komponenten aus, welche schwingungsfrei und geräuschlos arbeiten, hinterlässt ein umweltfreundliches Abprodukt in Form von Wasser und kann klimaneutral Strom liefern. Kein Wunder also, dass diese Technologie aus mehreren Gründen zunehmend in den Focus gelangt ist. Auch der Autor hat frühzeitig auf die Potenzen dieses alternativen Energieträgers aufmerksam gemacht [35], [36].

Nachdem inzwischen neuartige Wasserstofftanks und skalierbare Brennstoffzellen verfügbar sind, hat sich das Hamburger Zentrum für Angewandte Luftfahrtforschung GmbH daran gewagt, auch Technische Drohnen mit einem „grünen Wasserstoffantrieb" auszurüsten [37], [38]. Hier rechnet man zunächst mit der Ausdehnung der Reichweite von Drohnen auf 500 km, sodass sich neue Horizonte für ihren Einsatz ergeben. Über den Drohneneinsatz hinaus sieht der *CEO* und Geschäftsführer dieser Luftfahrtschmiede, *Roland Gerhards,* sogar in der Anwendung der Wasserstofftechnologie sogar die Zukunft der gesamten Luftfahrt und schwärmt geradezu vom zukünftigen „Grünen Fliegen".

Der bei der Erzeugung von Wasserstoff benötigte elektrische Strom soll hier aus Windkraftwerken kommen, der im Norden und Nordwesten Deutschlands zukünftig im Überschuss produziert werden soll. Nimmt man noch die im Raum Hamburg ansässige Forschungseinrichtungen mit ihren über 30 Partnern hinzu, so sieht sich diese Region hervorragend gerüstet für eine führende Rolle als zukünftiger deutscher Luftfahrtstandort.

Epilog

Die vorstehende Ausarbeitung befasst sich mit dem Thema *Drohnentechnologie* und ist damit einem neuartigen Luftverkehrssystem gewidmet, das innerhalb kurzer Zeit Furore gemacht hat. Damit will der Autor einen Beitrag zur Schließung einer bisher bestehenden Lücke im technischen Fachschrifttum leisten. Dies soll dem Leser einen Einstieg in diese noch wenig dokumentierte Systemkategorie ermöglichen.

Ausgehend von der Sprachzuweisung wurde zunächst auf die Bildung eines Prototyps der Drohnen eingegangen, die sich vorwiegend bestimmter Mittel der Modellfliegerei bedient. Angesichts des Fassettenreichtums der sich sehr rasch entwickelnden Drohnentechnologie wurde eine geordnete Behandlung dieses Reichtums dadurch erreicht, indem das Stoffgebiet aufgeteilt wurde in die Behandlung jeweils einzelner Aspekte.

So wurde zunächst die Entwicklungslinie nachgezeichnet, welche sich an der der rasch aufeinanderfolge Integration externer Zusatzgeräte unterschiedlicher Art orientierte. Als wesentliche Entwicklungsschritte wurden die Drohnen mit integrierter Kamera ausgestattet, danach für den Gütertransport umgerüstet und schließlich auch für den Transport von Personen behandelt.

Darauf folgend wurden die Entwicklungen bezüglich der Funktionalität der Drohnen in den Fokus gerückt. Schwerpunkte der Behandlung bildeten hier die grundlegend bedeutsame Funktion der Hindernisvermeidung, selbstständigen Navigation bis hin zur autonomen Pfadsuche und -verfolgung. Dazu wurde auch auf die hierbei eingesetzten Lösungsprinzipien eingegangen und diese anhand von Grafiken erläutert. Anhand der Behandlung der funktionellen Entwicklung der Drohnen wurden die hier erreichten gewaltigen Fortschritte deutlich, die hier innerhalb kurzer Zeit erreicht wurden. Diese weisen in zunehmendem Maße Merkmale der Künstlichen Intelligenz auf und ermöglichen inzwischen auch die Durchführung autonomer Missionen.

Bei den hierbei ermöglichten Anwendungen wurde – wenn auch weniger eingehend – auch auf die Sonderform militärischer Einsätze eingegangen, wobei vor allem die Fernüberwachung militärischer Gebiete Berücksichtigung fand. Auf das vorhandene Vernichtungspotenzial militärischer Drohnen wurde lediglich hingewiesen.

Als Frage von besonderem Interesse wurde auch behandelt, in wieweit ein Einsatz von Drohnen im Bereich des Straßenverkehrs einen Beitrag zur Bewältigung der ausufernden Belastung leisten könnte. Hierzu wurde gezeigt, dass durchaus wirkungsvolle Beiträge möglich sind, wobei allerdings spezielle infrastrukturelle Maßnahmen erforderlich sind. Dazu wurden einige Vorschläge unterbreitet. Allerdings wurde deutlich, dass mit dem Einsatz von Drohnen keineswegs alle anstehenden Transportprobleme gelöst werden können. Kurz gesagt: es wird auch in Zukunft noch Automobile, wenn auch in verminderter Anzahl, geben, die dann jedoch mit klimaneutralen Antrieben auszurüsten sind.

In der Abhandlung wird auch auf ein Handicap der Drohnentechnologie hingewiesen, welches aus der Beschränkung der mitgeführten elektrischen Antriebsenergie resultiert. Dazu wird auf neueste Entwicklungen hingewiesen, bei welchen die Drohen mit technischen Lösungen aus der Kategorie der Wasserstofftechnologie ausgestattet werden. Damit eröffnen sich ganz heue Horizonte für den von Drohneneinsatz und sogar für die gesamte Luftfahrtbranche. In diesem Zusammenhang wird auch auf die zukünftige Bildung ganz neuer Industriestandorte verwiesen. Somit wird eine Ausarbeitung vorgelegt, die Einblicke in eine faszinierende neuartige Mobilitätslösung in vergleichsweise kompakter Form bietet.

Abschließend sei noch darauf hingewiesen, dass den Ausführungen ein ungewöhnlich reichhaltiges Literaturangebot beigefügt ist, dem weitere Detailinformationen zu verschiedenen Aspekten entnommen werden kann. Weitgehend offen geblieben ist indessen das Eingehen auf die notwendigen Regeln und Rahmenbedingungen, die für einen geordneten und sicheren Betrieb von drohnenbasierten Verkehrssystemen zu erforderlich sind. Die Schaffung eines solchen Rahmens steht derzeit wohl noch weitgehend am Anfang. Auch bedürfen noch im Zusammenhang mit dem neuartigen Drohnenbetrieb auftretende juristische Fragen einer Lösung. Dazu zählen Fragen der Haftung, der Versicherungen u. a. Dem gegenüber wirken derzeit mit großer Energie diskutierte Fragen, wie der Erwerb des Drohnenführerscheins und der zugehörigen Lehrgänge eher wie Randprobleme [39].

Literaturverzeichnis

[1] Minidrohnen bei amazon. see: Drohnenwelt 24.de

[2] Drohnen Shop. see: https://de.all-searchsite.com/drohnen+shop+esultate

[3] Parsch, St.: Flugroboter soll Pflanzen bestäuben. see: https://www.stefan-parsch.de>parsch . . .

[4] Woldt, M.: Es (f)liegt etwas in der Luft. Berliner Zeitung Nr.118, 23.-25. Mai 2015, S, A1J.

[5] Rest, J.: Das fliegende Auge. Berliner Zeitung Wissenschaft Nr. 194, 20. Aug. 2012

[6] Locke, M.: Im Tiefflug durch die Airbus-Halle. Berliner Zeitung, Wissenschaft Nr. 260, 06. Nov.2012

[7] Paketdrohne amazon. see: https://www.drohne quadrocopter .de/amazon-drohne-fuer-pakete…

[8] Octocopter bei amazon. see: https://www.amazon.de/ [9] Rest, J.: Medikamente per Drohne. Berliner Zeitung, Teil Wissenschaft Nr. 5,7. Jan. 2014

[10] Honnigfort, B.: Medikamente kommen mit der Botendrohne. Berliner Zeitung Nr. 271,20. Nov. 2014

[11] Gjyia –eine Minidrohne für den Gepäcktransport. see: https://www.amazon.de/Gjyia-Drohne-Gepäck-Quadrocopter/

[12] Kofferdrohne Zubehör. see: https://www.amazon.de/Drohne-Kof-fer-Rucksäcke-Taschen/s?k=Drohnen&rh. . .

[14] Seenot Rettungsdrohne. see: https://www.seenotretter.de

[15] unbemannter Rettungseinsatz. see: https://www.seenotret-ter.<news<unbemannter Flugdienst.de.

[16] Weissenborn,St.: Wenn das Taxi abhebt. Berliner Zeitung Nr, 94, 22./23. Apr. 2017

[17] N. N: Notiz. ADACmotorwelt 7/2018, S. 10

[18] N. N.: Passagierdrohne *ehang*. see: https://www.golem.de/luft-taxi-passagierdrohne-golem.de/lufttaxi-passagierdrohne/

[19] Flugtaxi Lilium see: handelsblatt.com/unternehmen/handel/kon-sumgueter/flugtaxi- . .

[20] Flugtaxi Lilium see: int.search.tb.ask.com/web?q=Li-lium+zeugt+ffuenfsit

[21] Octocopter see: http:t3n.de/news/volocopter-monster-drohne-zwei-511112 /www.drohnen.de/Drohnen-News/Drohnen-Einsätze

[22] N. N.: Monsterdrohne 2 von DJI Enterprise. see : htpst3n.de/news/volocopter-monster-drohne-zwei-511112

[23] N. N.: Monsterdrohne von DJI Enterpise. see: htpst3n.de/news/volocopter-monster-drohne-zwei-511112

[24] Weller, W.: Künstliche Agenten. Druck und Verlag epubli GmbH, Berlin, als Softcover: ISBN 978-3-753167-07-7; als eBOOK: ISBN 978-3-753178-165

[25] Beutler, J.: Entwicklung und Untersuchung von Suchstrategien für autonome mobile Systeme. Diplomarbeit 1995, Humboldt-Universität zu Berlin, Inst. für Automatisierungstechnik

[26] Graßnick, R.:AMOR – Arbeitsplatz für einen Autonomen Mobilen Kleinst -Roboter. Diplomarbeit 1996, Humboldt-Universität zu Berlin, Inst. für Automatisierungstechnik

[27] Poddig, Th.: Künstliche Intelligenz und Entscheidungstheorie

[28] EmQopter autonome Flugrobotertechnik GmbH Würzburg. Ganze Palette von Assistenzmodulen see. : https://www.emquopter.de

[29] Sprühdrohne. see : remotevision.ch/online-shop/dij-agra-serie

[30] Weller, W. : Autonome Systeme. (bisher unveröffentlicht) see : Dieser Computer/Dokumente/Geschäft/Einzelne Beiträge/Autonome Systeme (Juli ´22)/Autonome Drohnen

[31] EmQuopter autonome Flugrobotertechnik GmbH Würzburg. Assistenzmodule für Drohnen, see: remotevision.ch/online-shop/ dij-agras-serie

[32] Lorenz, A.; J. v. Mittelstaedt; G. P, Schmitz: Botschafter des Todes. Der Spiegel 42/2011, S. 96-102

[33] Weller, W. : Innovative Verkehrskonzepte – Ideen zur Begegnung der Verkehrsmisere. Druck und Verlag epubli GmbH, Berlin, ISBN 987-3-7485-0223-4

[34] Rasenmähroboter Robomow. see: https://www.hogatc.net

[35] Weller, W.: Vorschlag für ein neues Energiesystem. Teil I, Magazin Erneuerbare Energien12. Juni 2020. see: https://www.erneuerbare energien.de /vorschlag-fuer-ein-neues-energiesystem-mit-wasserstoff

[36] Weller, W.: Vorschlag für ein neues Energiesystem. Teil II, Magazin Erneuerbare Energien15. Juni 2020. see: https://www.erneuerbare energien.de /vorschlag-fuer-ein-neues-energiesystem-mit-wasserstoff

[37] ZAL Zentrum für angewandte Luftfahrtforschung GnbH, Hamburg, see: https://www.zal.aero

[38] Wasserstoff in der Luftfahrt – Das Fliegen der Zukunft – Spannende Artikel in der Zeitschrift MTU. see: https://www.aeroreport.de/wasserstoff/fliegen 089 14890

[39] Drohnenführerschein. see: drohnenmasters academy/de/kurse/drohnenfuehrerschein

Kurzportrait es Autors

- Studium an der TH Dresden,
- Industrietätigkeit, Promotion zum Dr.-Ing. an der TU Dresden,
- 1-jährige Auslandstätigkeit in Ägypten als Dozent und Berater,
- nach der Rückkehr Bereichsleiter im Institut für Regelungstechnik
- und nebenamtliche Lehrtätigkeit und Habilitation an der Univ. Rostock,
- 28 Jahre Universitätstätigkeit an der Humboldt-Univ. zu Berlin als ordentlicher Professor für Technische Kybernetik,
- Direktor des Instituts für Automatisierungstechnik,
- Vor Ausscheiden aus der Universität Eröffnung eines eigenen Ingenieurbüros für Intelligente Informationstechnologien,
- danach freiberuflicher Wissenschaftler (zahlreiche Veröffentlichungen in Fachzeitschriften und Büchern)

weitere Bücher des Autors

Künstliche Agenten

Druck und Verlag epubli GmbH, Berlin,

als Softcover: ISBN 978-3-7531-6707-7;

als eBOOK: ISBN 978-3-7531-7816-5

Innovative Verkehrssteuerung
Druck und Verlag epubli GmbH, Berlin,

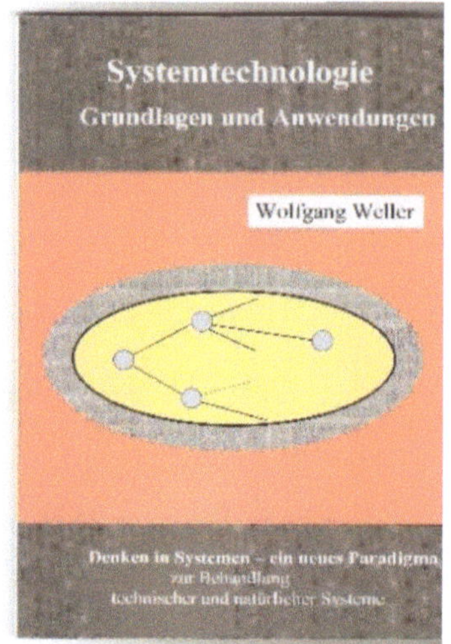

Systemtechnologie
 Druck und Verlag epubli GmbH, Berlin,

als Softcover: ISBN 987-3-8442-7938-2

Strom aus regenerativen Energien
 Druck und Verlag epubli GmbH, Berlin,

als Softcover: ISBN 987-3-7531-33979-7